生命與味覺之湯

辰巳芳子的西式湯品食譜

辰巳芳子 著
陳心慧 譯

積木文化

目錄

第五章 風土的豆 日本的海 95

代序

必須知道的事

我在茶室的火盆旁學到了許多事情。

「烤米菓的時候，只要翻面三十六次，就能烤得均勻；烤海苔的時候，將兩片海苔的正面交疊在一起，再將兩片海苔的四周邊緣輕輕劃過烤網，中間自然就會烤熟；煮金桔和煮豆子的時候，必須軟的炭和硬的炭搭配使用；炭火直放或橫放大不相同；要在炭火上撒灰；埋入炭粉可以加熱炭灰」等等。

母親完全沒有刻意教我烹飪，只是教我如何根據食材使用並調整火力。換句話說，她示範並教我明辨「火」的事理。

我認為，所謂事理，簡單來說就是事物的道理和原則。

總而言之，現在的我將瓦斯的火分成「0（預熱）到10」，有時也會蓋上鍋蓋。我也是這樣教別人。

仔細想來，從用火的方式自然衍生出來的料理或許就是我的湯品。

不是為教而教。

不是為做而做。

所謂的不經意，就是這麼一回事。

關於我的湯品歷史，可以回溯到四十多年前。教我法式料理的老師是加藤正之先生。他修習湯品和蔬菜十四年，曾在宮內廳大膳寮（譯註：負責皇室的膳食）與秋山德藏先生共事，當時剛好是保羅·克洛岱爾（駐日法國大使）盛讚大膳寮的料理世界第一的時期。老師學習的是完整的套餐，由於湯品是套餐的第一道料理，代表整體的方向性，因此必須特別**用心**。

老師對湯品的態度當然也影響了我。我只要製作湯品，就會想起老師的話，畢竟學習了十三年。

在老師和母親都過世之後，湯品看起來好像變成了孤兒，但只要費心培養，還是會長出新芽。

我與學生一同前往位於鎌倉的竹田上門護理中心，在那裡提供湯品服務、培育後繼人才、出書，並給予醫療現場建言。

五年前還發生過這樣的事。食品公司味之素希望能夠分析我製作的湯品。

「真是讓我們大吃一驚。沒想到湯裡竟然殘留許多的麩醯胺酸。麩醯胺酸的定律是加熱後就會消失，您簡直可以拿諾貝爾獎了。」

我的湯品不加鮮奶油或奶油，非常樸素，但究竟為何麩醯胺酸會留在湯裡呢？這與食材無關，而是技術。

也就是說，這與從0到10的火力調整有關。另外，與如何使用攪拌食材的鍋鏟也有關。我從小時候有人幫我洗澡的經驗，找到使用鍋鏟的技巧。小時候有許多人幫我洗過澡，唯有母親是從左到右，再從右到左，有規律地移動毛巾，非常舒服。我把這個經驗應用在洋蔥、馬鈴薯身上。如此一來，加熱的時候不僅食材不容易支離破碎，表面還會帶有光澤。

「從0到10、從左到右」。

這是汲取自我七十多年來的經驗。

現在最令我感到欣慰的，是聽到即將逝去的人喝著湯，笑著說真是美味。

西式湯品分類表

第一列是湯品的種類

第二列是材料和湯品的具體實例

- 清澈的湯、清湯類 Potage Clair
  - 牛肉
  - 豬肉
  - 蔬菜
- 濃稠的湯、日本簡稱濃湯 Potage Lié
  - 穀類（小麥、蕎麥、燕麥、乾燥豆類、麵包、玉米）
  - 蔬菜類（馬鈴薯、豌豆、蠶豆、南瓜、栗子）

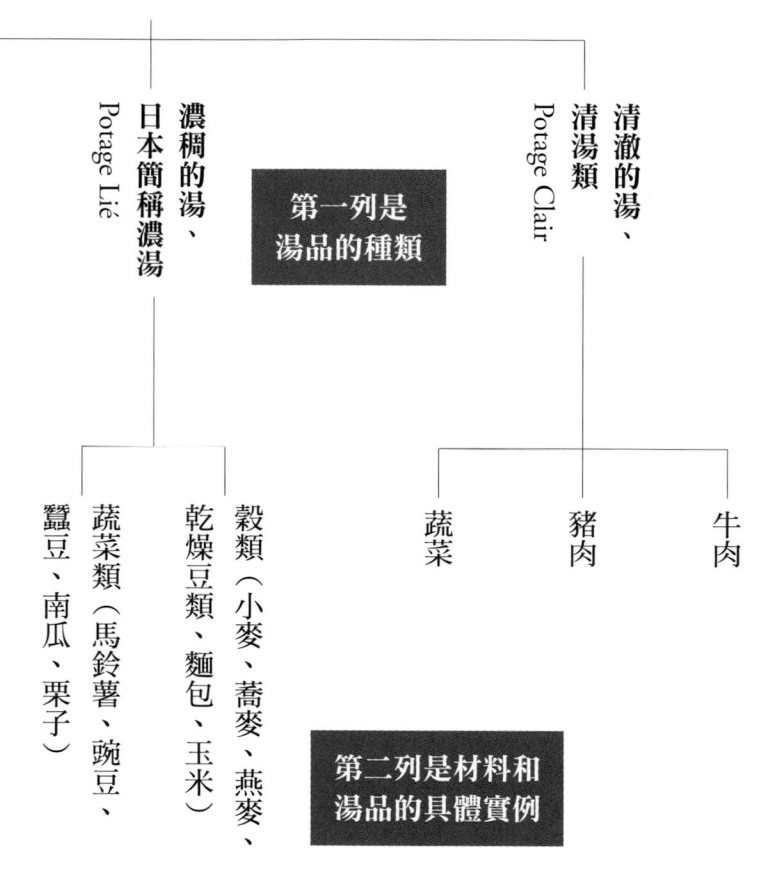

蔬菜切碎製成的湯
Potage Culeivateur

類似西式文火鍋的馬鈴薯湯、義式蔬菜湯（minestrone）等

海鮮湯

馬賽魚湯等各國的海鮮湯

同時擁有湯和鍋物的特性
家常湯

火上鍋（法國）、羅宋湯（俄羅斯）、雜燴肉菜鍋（cocido，西班牙）等

第一章

最先應製作的湯品

一個民族為了生存所採取的飲食方式，有時候也會讓其他民族更容易生存。火上鍋就是其中一個代表。因此，希望大家在平常的家庭生活中，熟悉這些食物的製作方式。如果忽視這些不起眼的小事，愛也終將遇到瓶頸。愛如果沒有具體且用心的培育，就會凋零。

這就是火上鍋

火上鍋（pot-au-feu）的 pot 指的是壺（深鍋），feu 是火，這是法文的用法。西歐每一個國家應該都有類似的食物。例如俄羅斯的羅宋湯（borscht）、西班牙的雜燴肉菜鍋（cocido）等。（編註：在積木文化出版之《生命與味覺》一書中，將「火上鍋」譯為蔬菜燉肉鍋）

火上鍋的原型如下：

- 各種肉類經過熬煮後更美味的部位（使用新鮮肉類。若是烤的時候則傾向使用經過熟成的肉類）
- 當地的蔬菜
- 豆類（西班牙）
- 辛香料、水、鹽

將這些食材放入深鍋，放在兼作暖爐的火爐上熬煮。煮熟之後舀湯，肉和菜則是想吃多少舀多少。持續熬煮，隨時補充鍋裡吃完的食材（根據一八〇〇年代留學法國的祖父回憶）。

品嘗的方式有時會將湯和料放在同一只碗裡吃，有時則會分開。想必這就是西歐生活的原貌。

之後，隨著生活樣式的變化，經過不斷地淬鍊，而有了今日我們所看到的樣貌。今日的火上鍋有長足的進步，不僅雜味少，也可以當做待客的料理。

然而，下面介紹的製作方式經過改良，適合現在的日本人，是根據五百餘份飲食生活調查，考慮到大眾烹調能力所想出的製作方式。

希望大家不要因為「需要兩天時間」而退卻。第一天只燉肉，大多數的人應該很容易就能上手。

下面依序解說每一個步驟的道理：

第一天

1. 肉類汆燙，再用流動的水確實沖洗。這是為了避免湯汁會有肉的騷味和澀味。

2. 將 **1** 放入鍋裡，加香味蔬菜、辛香料、鹽，最後再加水熬煮。可以直接開火加熱或用雙層鍋加熱（睡前備料，就可以趁睡覺時熬煮。我經常這麼做）。

3. 肉煮好之後，將蔬菜類撈起來。

4. 肉繼續浸泡在**3**的湯裡（為了讓肉吸收釋放到湯裡的鮮味）。

第二天

5. 凝固的油脂會浮在**4**的鍋子表面，將這些油脂撈乾淨。

6. 蔬菜依序汆燙。蔬菜也有澀味，會破壞最後的味道。

7. 依序將**6**的蔬菜放入鍋裡，調整鹹度，靜靜熬煮。中途要撈取浮沫，不過浮沫應該很少。

8. 為了讓蔬菜吃起來更美味，根據煮熟的順序將蔬菜撈起放到其他容器中。

請參考之後更詳細的製作方式和盛盤方式。

《生命與味覺之湯——辰巳芳子的西式煲湯食譜》的湯品和菜單的製作，都是由湯品會的矢板靖代女士負責，在此表達感謝。

西歐生活的原貌

豬肉雞翅火上鍋

豬肉雞翅火上鍋

第一天（湯底）的材料

香味蔬菜

洋蔥……1顆（縱切成2）

紅蘿蔔……半根（縱切成4）

西洋芹的莖部……1根（5公分長）

昆布……5公分方形3～4片

乾香菇……3～4朵

香草束（用棉繩將香芹莖部、百里香枝、月桂葉綁成一束）……1束

豬肩胛肉或牛腱（整塊）……1公斤

雞翅……7隻（如果使用牛腱則不需要雞翅）

水……約15杯

胡椒粒……10粒

鹽……1大匙起

第二天（蔬菜）的材料

高麗菜……小1顆

小洋蔥……5顆

西洋芹的莖部……2根

紅蘿蔔……1.5根

馬鈴薯（五月皇后）……7～8顆

小蕪菁……5顆

第一天的製作方式

1. 製作4人份最少準備1公斤的肉塊。大鍋加滿水煮沸（分量外）。加2～3片檸檬（分量外），放入肉塊汆燙，直到表面七成變色為止。

2. 將汆燙過的肉塊取出，用流動的水仔細沖洗。

3. 使用雞翅時從關節部位切成兩塊，同樣放入**1**的鍋裡汆燙，也和豬肉一樣用流動的水確實沖洗。

4. 將經過**1～3**步驟處理過的肉類和香味蔬菜，以及第一天其他剩餘的材料，全部放進另一口鍋子開火加熱。煮滾後撈取浮沫，靜靜熬煮，直到肉變軟為止。

5. 一般鍋子需要40～50分鐘可將肉煮軟。如果是用日本二重鍋，水滾後熬煮大約10分鐘，撈取浮沫，放入外鍋靜置4～5小時。中途將蔬菜取出，避免過於軟爛。雞翅熟了之後也可以先取出。

6. 火上鍋不使用**5**鍋裡的蔬菜，但可以用來製作其他料理。等到肉充分變軟之後關火，取出所有食材，僅將肉類放回鍋裡靜置一晚。

重點提示

肉塊放入煮滾的鍋子裡汆燙。等到表面變色後將肉取出，用流動的水確實沖洗。

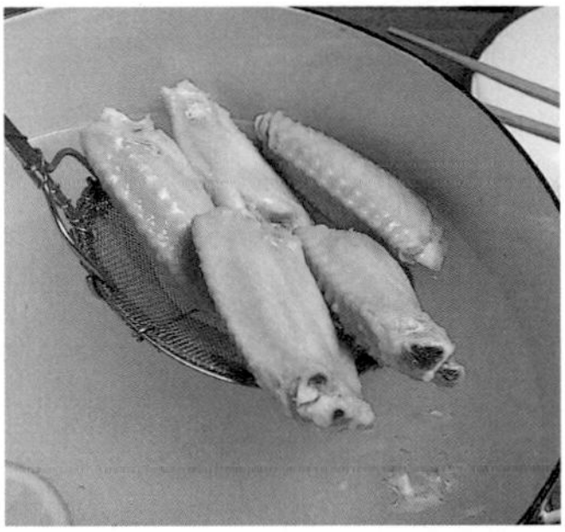

雞翅從關節處切成兩塊。與豬肉用同樣的鍋子汆燙，用流動的水確實沖洗。

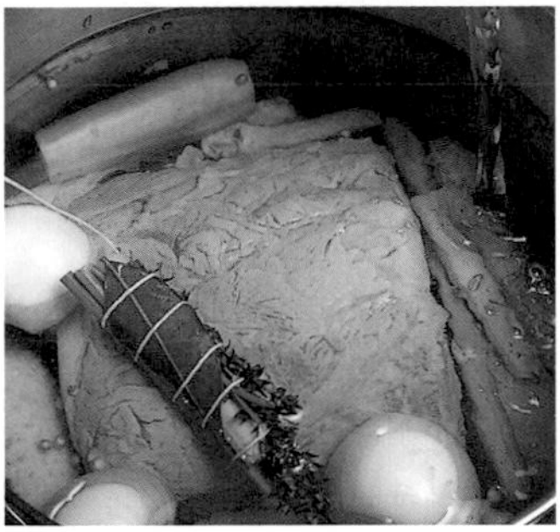

另一口鍋子放入分量內的水，將肉類、香味蔬菜、鹽、胡椒放入後開火。煮滾後撈取浮沫。

重點提示

一般需要熬煮 40 ～ 50 分鐘肉才會變軟。中途在蔬菜尚未過度軟爛前將之取出。

關火取出所有食材，僅將肉類放回鍋裡靜置一晚。隔日撈掉凝固的油脂。

第二天的製作方式

1. 撈掉靜置一晚後凝固的油脂，取出肉類，用布過濾湯汁。
2. 汆燙蔬菜。另一口鍋子放入較多的鹽，加水煮沸（分量外），從高麗菜開始依序汆燙，去除澀味。高麗菜去芯，用棉線綁成十字狀後下鍋，中途上下翻面，等到高麗菜出現光澤，水再度沸騰之後撈起。
3. 在**2**的鍋子旁邊同時加熱**1**的湯，將汆燙過的蔬菜從高麗菜開始依序放入：剝皮的整顆洋蔥、切成7公分小段的西洋芹、如31頁照片削皮切成小段的紅蘿蔔，汆燙後放入**1**的鍋裡。
4. 馬鈴薯削皮後泡水10分鐘再汆燙，小蕪菁剝皮，留下1公分左右的莖，汆燙。所有蔬菜都下鍋後，用鹽調味，鹹度大約與日式清湯相同。
5. 繼續靜靜熬煮，從先變軟的蔬菜開始依序取出，用鋁箔紙等保溫。等到所有蔬菜都煮熟後，再和肉類一起放回鍋裡回溫。盛盤的方式各式各樣。

盛盤範例之一

將食材切成適當的大小，與湯盛入同一個盤子裡品嘗（第24頁）。左圖是將湯裝入杯子裡，旁邊是將用烤箱加熱的肉類和蔬菜，當做主菜。另外佐綠莎莎醬當做肉類的沾醬。

綠莎莎醬的材料

醃漬的黃瓜（甜味）半杯、酸豆1大匙、大蒜1瓣、義大利香芹2根、洋蔥20公克、橄欖油、醋、伍斯特醬各⅓杯、鹽⅔小匙、檸檬汁少許、塔巴斯科辣椒醬或寒作里柚子辣椒醬適量。

製作方式

醃漬的黃瓜、酸豆、大蒜、香芹、洋蔥切碎。橄欖油、醋、伍斯特醬、鹽、檸檬汁、塔巴斯科辣椒醬與蔬菜充分混合。根據喜好加少許的鹽。

重點提示

從不容易煮熟的蔬菜開始用鹽水汆燙。高麗菜去芯，用棉線綁緊，中途上下翻面。

在汆燙蔬菜的鍋子旁邊，加熱第一天取出肉類之後用布過濾的湯，再依序放入汆燙過的蔬菜。

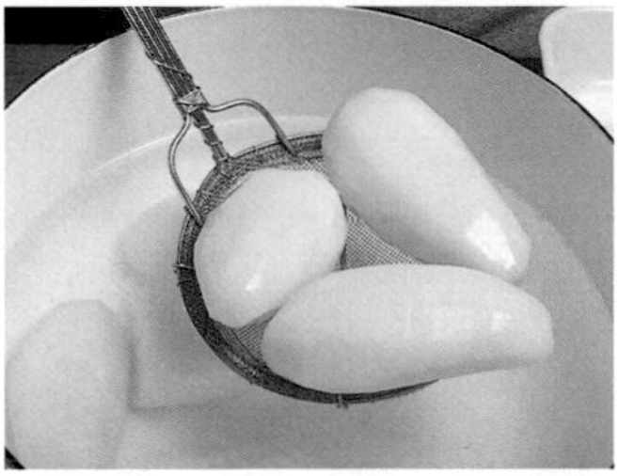

馬鈴薯泡水 10 分鐘以內，汆燙。等到所有的蔬菜都下鍋後，用鹽調味。

從變軟的蔬菜開始依序取出。等到蔬菜全部煮熟之後，再和肉類一起放回鍋裡回溫。

氽燙蔬菜

肉類經常會採用「氽燙」的方法處理，但少見氽燙青菜。這是知名廚師胸組泰夫教我的方法。胸組泰夫先生的祖母和母親也是廚師，兩位也都曾在各國大使館工作。因此，胸組先生熟悉各國的家常料理，我認為這也培養了他的獨特性。我無法忘記他用獨特的筆跡詳盡且縝密地記下大量食譜。他可說是推動日本法式料理進步的力量。氽燙蔬菜的方法出自這位大師，因此希望大家一定要採用。

我在製作鰤魚燒蘿蔔的時候會用米糠水氽燙白蘿蔔，效果非常好。製作關東煮時也會採用類似的方法，所有人都稱讚不已。請大家不要忘記，貨真價實的工作，才能開創貨真價實的人生。

用這種方法製作的火上鍋，之後還可以開展出其他完全不同的美味料理。

之後會經常出現
蒸炒的技巧
因此在此詳細解說

第二章

洋食的基礎：蒸炒

人類不知道從何時開始，找到了蒸炒的技巧。用這個方法處理蔬菜可說是人類的大發現。我的技巧隨著時間不斷地改良，說不定已經超越了歐洲的傳統做法。

關於蒸炒

Potage是湯品的總稱。日本經常將濃稠的湯稱做Potage，但其實這是誤會。法文中，清澈的湯稱做Potage Clair，濃稠的湯稱做Potage Lié。Potage Lié的特性是所有食材渾然一體且濃稠，無法吃到個別食材。蒸炒就是在製作濃湯時必須的技巧。日本料理或中華料理中，完全看不到這種烹飪方式。因此，希望各位在製作之前，能夠熟讀並掌握蒸炒的技巧。

首先選擇材質厚的鍋子。最好鍋蓋很重，能夠確實與鍋子密合。換句話說，蔬菜滲出的水份會形成水蒸氣，水蒸氣會讓蔬菜進一步出水，藉由火力調節使蔬菜變軟，帶出甜味。因此鍋蓋與鍋子必須密合。

調整火力時不要著急，以0（餘溫）至10（最強）計算，大約使用2～5的火力。一般而言，鮮味成分（麩醯胺酸）遇熱就會消失，但如果採用這個技巧則會殘留下來（根據味之素公司的實驗）。因此，我的湯品即使材料簡單，仍舊美味。

重點提示

為了讓蔬菜均勻受熱，洋蔥統一切成 1 公釐厚，馬鈴薯的厚度則是 8 公釐。

鍋裡放入橄欖油和第一樣蔬菜（大多是洋蔥），攪拌使油均勻地包裹蔬菜後開火。

蓋上鍋蓋，偶爾用木鏟攪拌。木鏟垂直鍋底，沒有遺漏地均勻拌炒。

如果第一樣蔬菜是洋蔥，那麼等到洋蔥的刺鼻味消失後再放入第二樣蔬菜。可用馬鈴薯或生米等當做融合各種蔬菜的媒介。

根據不容易炒熟的順序加入，分別利用蒸氣炒至通透。各種蔬菜最終的熟度相同。

中途如果燒焦，可以加少量的水。附著在鍋蓋上的蒸氣也要小心地倒回鍋中，不讓任何鮮味成分流失。

如果倒入肉湯

蒸炒完畢的蔬菜有光澤，看起來已經可以吃了。這時才倒入肉高湯。

不要倒入所有分量的肉高湯，而是視情況剛好蓋過蔬菜。加一半分量的鹽做基礎調味。

蓋上鍋蓋，靜靜滾煮。等到所有蔬菜都變軟之後關火。

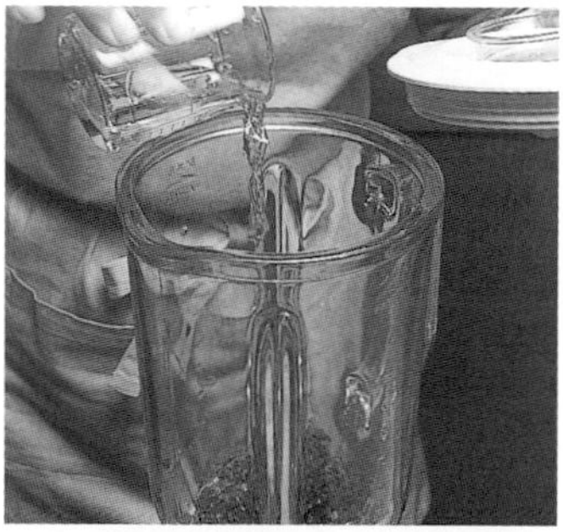

從火爐上移開，如果有放月桂葉的話取出，全部倒入果汁機。可以稍微放涼，但盡量趁熱攪打。

攪打至看不見固體為止，過濾倒入新的鍋子，避免產生黏性。

再度開火加熱，倒入剩下的肉高湯或牛奶調整濃度。試味道，放入剩下的鹽做最終調味。

第三章

春天的濃湯

美味的湯品背後都有知識的佐證，經過冷靜的分析和大量的練習才終於誕生。

我製作湯品的方式雖然不容易讓營養流失，但如果不夠美味則沒有意義。美味的食物自然具備營養。

萬人萬事

法式家常濃湯

法式家常濃湯

材　料

馬鈴薯（男爵）……500公克
紅蘿蔔……180公克
洋蔥……150公克
西洋芹的莖部……150～180公克

橄欖油……3大匙
雞高湯……6～7杯
月桂葉……1片
牛奶……1～2杯
鹽……2小匙

事前準備

切蔬菜。馬鈴薯切成7公釐厚的扇形、紅蘿蔔切成5公釐厚的扇形，分別泡水10分鐘以內。洋蔥切成薄片。西洋芹切成3公釐厚的小段，沖洗後瀝乾。

製作方式（雞高湯參照162頁的市售品，以下皆同）

1. 根據36頁的要領蒸炒。開火前將洋蔥和月桂葉放入鍋裡，淋上2大匙橄欖油，用木鏟拌勻後開火。
2. 剩下的蔬菜依照紅蘿蔔、西洋芹、馬鈴薯的順序加入，繼續蒸炒。如果快要燒焦，可加入1大匙橄欖油。將蔬菜類炒至七分熟。
3. 倒入雞高湯蓋過蔬菜，加入一半分量的鹽，開中大火加熱。滾了之後仔細撈取浮沫，蓋上蓋子轉文火熬煮。等到蔬菜充分煮熟之後關火。
4. 從**3**的鍋子裡取出月桂葉，趁熱放入果汁機裡攪打至滑順，過濾倒入新的鍋子裡。開火加熱，倒入高湯和牛奶調整濃度，再用剩下的鹽調味。43頁湯裡的配料是用高湯溫熱過的豆腐。

重點提示

蔬菜切成同樣的大小和厚度。為了保留根莖類蔬菜的鮮味並且去除澀味，因此泡水 10 分鐘以內。

根據鍋子和蔬菜的不同而有所不同，基本上一樣蔬菜蒸炒 5 ～ 10 鐘之後，再加入下一樣蔬菜。

附著在鍋蓋上的水份也倒回鍋裡。快要燒焦時可以加橄欖油或少量的水。

無論雞高湯的總量多少，一開始倒入的量只要蓋過蔬菜即可。

應用範例

搭配粥享用（右圖）

主食搭配湯品的營養。粥的口感與湯品類似，容易入口。提供病人享用時，可以用擂缽將義大利香芹磨碎後撒在上面，加一點巧思。

搭配蕎麥麻糬享用（左圖）

用牛奶揉製蕎麥麻糬可以減少蕎麥特殊的味道，與西式的湯品更搭配。

搶眼的綠色和強烈的香氣

聽說就連孕育出火上鍋的法國人，最近也很少製作湯品。即使如此，餐桌上還是經常可以到清湯類或水田芥濃湯。

由此可見，法國人有多麼地鍾愛水田芥濃湯。很可惜地，許多法國人在製作的時候會將水田芥的梗和葉同時切碎放入，此舉不僅讓湯品鮮豔的顏色和香氣減半，營養也會流失。

我使用的是在別處看不到的製作方式。

我將水田芥的梗和葉分開，汆燙葉子，攪打成半液體狀的菜泥。

如果遵循這個方式，顏色和香氣都不會流失，也能確實留住維生素等營養成分。

這道湯品將水田芥的各種成分發揮到極致。

將春天的氣息發揮到極致

水田芥濃湯

水田芥濃湯

材料

水田芥……150～200公克
洋蔥和大蔥（比例6：4）……總計150公克
橄欖油……3大匙
馬鈴薯（男爵）……500公克
雞高湯……4.5杯～6杯
鹽……2小匙
牛奶……1～2杯

事前準備

將水田芥的梗和葉分開，分別泡水。換水兩次，去除髒汙。水田芥梗切小段，水田芥葉汆燙後切碎（製作方式**3**）。洋蔥對半切之後再切成3公釐厚的薄片，大蔥切小段。馬鈴薯切成7公釐厚的薄片，泡水10分鐘以內。

製作方式

1. 根據36頁的要領蒸炒。鍋內放入洋蔥和大蔥，淋上橄欖油拌勻後開火。

2. 剩下的蔬菜依照馬鈴薯、水田芥梗的順序加入拌炒。蒸炒完畢之後倒入雞高湯蓋過蔬菜，加入一半分量的鹽熬煮。

3. 蒸炒的同時，另外用鹽水（分量外）汆燙水田芥葉。**一次抓一把水田芥葉放在笳籬上，放入鹽水汆燙，兩個呼吸後拿起來泡冰水。**輕輕擠出水份，切碎後放入果汁機，加¼杯的高湯（不熱的狀態），攪打成滑順的泥狀。這是重要的葉綠素。打好的菜泥放入鋼盆備用，果汁機暫時不用清洗。

4. 等到**2**的蔬菜充分煮熟之後關火，趁熱用**3**的果汁機攪打成滑順的泥狀。過濾後倒入乾淨的鍋子裡，加入**3**的菜泥和牛奶，用剩下的鹽調味。用剩下的高湯調整濃稠度。

重點提示

用小刀將水田芥的梗和葉分開，分別泡水。換水兩次，去除髒汙。

水田芥的梗切成小段。馬鈴薯七分熟之後加入水田芥梗。

蒸炒完畢之後加入高湯蓋過蔬菜，再加入一半分量的鹽，蓋上鍋蓋熬煮。

蒸炒的同時另外汆燙水田芥葉。一次抓一把水田芥葉放在笳籬上，放入鹽水汆燙，兩個呼吸後拿起來泡冰水。

汆燙之後切碎的水田芥葉放入果汁機，加不熱的高湯攪打成半液體狀的菜泥。

最後收尾時加入菜泥和牛奶，用剩下的鹽調味，再用剩下的高湯調整濃稠度。

眼睛和身體都舒暢

我越來越覺得湯品是非常舒服的食物。尤其是融合大量蔬菜的湯品更是溫和的食物。

我是在二十多年前第一次學習製作水田芥濃湯。教我的辰巳老師當時採取的還是法式手法，做出來的湯呈現暗沉的綠色。

經過一段時間，在創立湯品會時，已經改用汆燙水田芥葉後打成泥，在最後階段才把這個菜泥加進湯裡的方法。辰巳老師也不斷地在進化。

對嬰幼兒、高齡者、病人而言，蔬菜類其實不好入口，生吃又不容易消化。將蔬菜製成濃湯，一下子就變得容易入口。

水田芥含有微量的礦物質和許多維生素，據說還具有解毒作用，是一道希望能夠提供給病人品嘗的湯品。

綠色的濃湯還可以使用小松菜、蕪菁、野澤菜、韮菜等。這些濃湯與蛤蠣等貝類十分搭配，不僅味道搭配，營養方面也互補。如果使用小松菜、蕪菁或是野澤菜製作濃湯，都要先將葉子與菜梗分開，菜梗也需要經過汆燙後切成小段，再以蒸炒的方式處理。希望各位能夠親身感受，綠色的濃湯深入每一個細胞所帶來的喜悅與舒適。

（文：辰巳芳子湯品會　矢板靖代）

水田芥濃湯的應用範例

搭配燕麥片的方式

將燕麥片 1 杯和水 2 杯、鹽 0.5 小匙放入鍋裡開文火加熱。持續用木鏟攪拌，熬煮到自己喜歡的濃稠度，盛盤後淋上濃湯。提供病人品嘗的時候，湯最好濃稠一點，如此一來更能與燕麥片融為一體。

菜單範例

搭配白腰豆和蔬菜歐姆蛋（製作方式參照 58 頁）。如果再加上沙拉和法國麵包更為豐盛。

搭配綠色蔬菜濃湯

白腰豆和蔬菜歐姆蛋

材料

大蒜……1瓣
洋蔥……中1顆
西洋芹……1根
青椒（甜椒也可以）……1～3顆
香菇（蘑菇也可以）……大3朵
四季豆（豆莢）……100公克
番茄……大1顆
火腿……50～100公克
橄欖油……2～3大匙
白腰豆（水煮）……1.5杯（水煮的方式參照98頁）
蛋……10顆
鹽、胡椒……適量
帕瑪森起司……適量
奶油……3大匙

事前準備

大蒜切碎。洋蔥、西洋芹、青椒、香菇、火腿，全部切成1公分小丁。四季豆快速汆燙，切成1公分小段。汆燙番茄去皮、去籽，切成1.5公分小丁。

製作方式

1. 根據36頁的要領，從大蒜和洋蔥開始蒸炒。

2. 依序加入西洋芹、青椒、香菇、四季豆，蒸炒至變軟為止。

3. 接著加入番茄、火腿、白腰豆，開文火繼續蒸炒大約10分鐘，以鹽和胡椒調味。蒸炒至沒有水份為止。

4. 打散的蛋加入少量的鹽和胡椒，將⅔分量的蛋液倒入**3**之後攪拌，炒成半熟的炒蛋。

5. 耐熱器皿塗上薄薄一層奶油（分量外），將**4**鋪平在器皿裡。淋上剩餘的蛋液，撒上帕馬森起司。奶油剁成小塊，隨意撒在表面各處。用200度的烤箱將表面的蛋液烤至半熟。

第四章

對抗酷暑的湯品

我認為製作湯品能在不知不覺中培養出溫柔。製作時首先必須站在品嘗者的角度，選擇湯品的種類和材料。

接下來必須配合當天食材的特性，調整製作方式。

切食材時即使想敷衍了事好提早結束工作，也要克制自己，遵循應有的步驟。這也是人之所以為人。

將預防的意識融入飲食生活中

據說建造金字塔的時候，都是給工人吃洋蔥。聽完這個故事，我於是開始製作新洋蔥湯迎接夏天（譯註：新洋蔥指採收後立即出貨的新鮮洋蔥）。

這個湯品的重點在於使用整顆4～5公分的小洋蔥。不需要使用菜刀即可完成，男性和小孩也可輕鬆製作。

雖說是小洋蔥，但平時很難吃到這麼多的洋蔥。用下面這種方式煮出來的洋蔥多汁順口，很容易就可以吃下肚。吃進去之後也確實能成為身體的能量。

不僅如此，這道湯品還加了大麥，同時還有橄欖油、昆布、日式醃梅的能量。

新洋蔥的產季是五至六月。希望大家能夠確實攝取這樣的食物，不要輸給島國濕度高的夏天，每天都能養足精神。

最重要的，是平常就先找到在哪裡可以買到好的洋蔥。美味的關鍵就在於好的洋蔥和有機大麥。

灌注身體的力量

飽滿多汁的整顆洋蔥湯

飽滿多汁的整顆洋蔥湯

材料

新洋蔥（最好是直徑4～5公分）……12～13顆
雞翅……7支（※參照）
檸檬（切片）……2片
昆布……5公分方形4～5片
日式醃梅的籽（去除果肉）……3顆
橄欖油……2大匙
月桂葉……2片
水……約9杯（※參照）
鹽……2小匙以上
大麥（押麥）……60公克

※如果使用雞翅則需要加水，但如果可以買到好的雞高湯（市售品參照162頁）就不需要使用雞翅，只需要用雞高湯取代水。

製作方式

1. 避免熬煮的時候支離破碎，洋蔥的葉部和根部不要切掉太多，只需要切掉薄薄一層，去除髒汙即可（如67頁第一張照片中手指符號所示）。雞翅從關節處切成兩塊。鍋子放水煮沸（分量外），加檸檬片和雞翅。再次沸騰後撈起雞翅，用流動的水充分清洗乾淨。
2. 將形狀修整完成的洋蔥鋪排在鍋底，加入**1**的雞翅、昆布、醃梅籽、橄欖油、月桂葉，再倒入水蓋過食材。
3. 加滿滿1小匙的鹽，開火加熱。一開始開中大火，煮開之後撈取浮沫，轉文火，慢慢滾煮。等到洋蔥變得七成透明之後，取出雞翅、昆布、醃梅籽。
4. 事前用水沖洗大麥，泡水10分鐘後確實瀝乾。將大麥加進**3**的鍋子裡。
5. 繼續滾煮，視情況用剩下的水調節濃稠度。根據大麥的軟硬程度調整熬煮的時間。等到洋蔥充分煮熟後用鹽調味。

重點提示

洋蔥的葉部和根部只需切掉薄薄一層，去除髒汙。不要切掉太多。

將材料放入鍋裡，加水。無論食譜寫的水量多少，這裡倒入的水只需蓋過食材即可。

加入滿滿 1 小匙的鹽進行基礎調味。如果這個時候不放鹽，風味會減少。

重點提示

靜靜熬煮，等到洋蔥七成透明後，取出雞翅、昆布、醃梅籽。

事前沖洗大麥，泡水 10 分鐘。確實瀝乾後放入鍋裡。

根據大麥的軟硬程度加入剩下的水調整濃稠度。煮到左圖的狀態就完成了。用鹽調味。

整顆洋蔥湯的應用範例

焗烤風味（右圖）

稍微切去洋蔥的上部後鋪排在耐熱器皿裡，撒上拌勻的新鮮麵包粉、帕馬森起司、胡椒、切碎的義大利香芹、鹽，淋上橄欖油，用小烤箱烤。

火上鍋風味（左圖）

取出湯裡的洋蔥，加入馬鈴薯、紅蘿蔔、西洋芹、高麗菜、番茄。煮熟之後再將洋蔥放回，最後用鹽調味。

精選食材，一年四季都可享用

吃下去之後能夠促進血液循環，身體也會感到輕鬆，整顆洋蔥湯就是這樣的食物。從兒童到老年人，希望所有人都能攝取。

醫院營養師詢問內科醫師發現，雞湯、洋蔥、大麥、橄欖油的營養相乘效果卓越，獲得好評。

我們在製作各式湯品時經常使用昆布、日式醃梅、橄欖油。營養的昆布會吸引浮沫，讓湯變得更清澈。為湯打底的日式醃梅具有防腐效果，而橄欖油則有緩和所有食材異味和刺激的效果。

上面介紹的這一道整顆洋蔥湯使用雞翅取代雞高湯。取代高湯的雞翅從鍋裡取出之後，可以用來當做沙拉的配料。如果可以找到高品質的雞高湯，當然可以不用雞翅，僅使用高湯。

燉好的洋蔥也可以當做味噌湯的湯料。另外，將洋蔥放入碗裡，淋上用葛粉勾芡的雞絞肉羹，就成了一道可以列入菜單的美饌。

選擇好的食材，不僅夏天，一年四季都可以品嘗這道美味的湯品。各種不同的延伸應用也令人期待。

（文：矢板靖代）

菜單範例

整顆洋蔥湯倒入白色的碗裡，佐上法國麵包。再用中途取出的雞翅和蔬菜製成沙拉。

相乘作用的有趣之處

茄子只要開花就會結果，彷彿在說「讓我來維持夏天的生命力」。

茄子加上大麥，將兩者集中在一只碗裡，茄子所含的膽鹼有益肝臟，大麥所含的維生素B可以減輕酷暑帶來的不適。

這就是醫食同源的體現。

另外，不知道是大麥的哪一點帶出了茄子的韌性，想必有什麼特殊的科學理由，必須搭配大麥而非小麥。我認為可以從這個新的觀點思考如何品嘗大麥。

不讓身體變冷

茄子大麥湯

這道湯品的巧妙之處在於將大麥煮成燉飯狀，以此為基礎做出各種變化。

茄子大麥湯

材料

茄子……中7～8顆
洋蔥……150公克
火腿（塊）……100公克
大麥（押麥）……70～100公克
月桂葉……1～2片
雞高湯……8～10杯
橄欖油……2大匙
白酒……¼杯
鹽……1.5～2小匙
辛香佐料
綠紫蘇、蘘荷……適量

事前準備

洋蔥切碎。火腿務必切除外側煙燻的部分，汆燙後切成7公釐厚的長條。大麥稍微沖洗後泡水約10分鐘，放在笳籬上瀝乾，靜置20分鐘。

製作方式

1. 根據36頁的要領，從洋蔥和月桂葉開始蒸炒。

2. 加入火腿拌炒，直到油脂滲出為止。加大麥和少許鹽（分量外）。拌炒數分鐘後加入白酒，讓酒精成分揮發。

3. 在**2**的鍋裡加入足以炊熟大麥的雞高湯（比蓋過食材再多一點的量）。蓋上鍋蓋開中大火，沸騰之後轉文火，將大麥煮成柔軟的燉飯狀。

4. 準備兩鍋濃的鹽水（分量外）。茄子去蒂削皮，將果肉和皮分開泡水。每削一次皮，就將削皮的部位沾鹽水，全部削完之後泡鹽水去除澀味（如78頁中的手指照片所示）。

這個步驟趁蒸炒的空檔完成。

5. 大麥煮好之後，將**4**的茄子切成長條狀，稍微用水沖洗，泡進重新準備的鹽水（分量外）裡。瀝乾後加入鍋裡，蓋上鍋蓋熬煮。

6. 茄子與湯融合之後，視情況用剩下的高湯調整濃稠度，用鹽調味。盛盤，佐綠紫蘇和蘘荷絲。

重點提示

從洋蔥和月桂葉開始蒸炒。等到刺鼻味消失後，加入汆燙過的火腿。

加入大麥和鹽，蒸炒數分鐘，加入白酒讓酒精成分揮發。

倒入比蓋過食材再多一點的高湯，用製作燉飯的要領炊煮大麥。

重點提示

為了去除茄子的澀味，每削一次皮就將削皮的部位沾鹽水，完成後將皮和果肉分別泡鹽水。

在大麥快煮熟之前，放入切成長條狀的茄子，不要煮到過爛，與湯融合即可。

視情況用剩下的雞高湯調整濃稠度，再用鹽調味。煮至左圖的狀態就完成了。

茄子大麥湯的應用範例

大麥燉飯（右圖）

將 76 頁步驟 **3** 煮軟的大麥稍微放涼之後冷凍。日後解凍再從切茄子的步驟開始，就可以節省時間。

炒茄子皮（左圖）

將茄子皮切成 1.5 公分方形，清洗後充分瀝乾。鍋裡放入沙拉油，拌炒茄子皮。依序加入砂糖、酒、醬油、紅辣椒。

兩種食材互補

據說茄子可以鎮靜身體的燥熱。而大麥具有溫暖身體的效果，推薦給在冷氣房裡身體發冷的人。

茄子與大麥在帶給身體清涼感的同時，又不會讓身體的深處發冷。當令的蔬菜互補，增強湯品的效力。

最重要的是先用鹽水抑制茄子的澀味。如此鹽水會在茄子表面形成薄膜，澀味就不會滲進湯裡，湯的鮮味也就不會流失。炒茄子的時候也一樣，如果表面有一層鹽水的薄膜，就不會吸收太多的油脂。

炊煮大麥前之所以要用油蒸炒，是為了抑制大麥特殊的異味，增添鮮味。加入少量的鹽則大麥不容易碎裂，較能保持原有的形狀。白酒也可以消除大麥的異味，並添加微微的酸味。如果買得到，也可以添加香薄荷屬的唇形科香草，享受清新的香氣。

也許有人會覺得，製作湯品就連削皮或去除澀味都要特別注意，真是一件麻煩的事。然而，一次多做一點，下點功夫就可以節省時間，甚至削下的皮還可以入菜。

我端出這道湯品給友人品嘗的時候，他對我說：「啊，整個身體都放鬆了，真是療癒。」雖然我不想濫用療癒一詞，但當時聽到友人這麼說，我打從心底感到高興。

（文：矢板靖代）

菜單範例

將茄子大麥湯放入白色的湯盅。主菜是炸龍脷柳佐炸馬鈴薯絲。

代替雞高湯

日式一番高湯

製作茄子大麥湯時，使用日式的一番高湯代替雞高湯也很美味。喜歡清爽口味的人反而更適合使用日式高湯。

下面介紹我們家製作一番高湯的方式。

材　料

水……10杯

昆布……5公分方形10片

柴魚……40公克

事前準備

鍋裡放入10杯水和昆布，浸泡至少1小時。浸泡之後立刻確認水的味道，此舉有助於之後辨別昆布到底釋放了多少鮮味。

製作方式

1. 將浸泡昆布的鍋子以中大火加熱。等到昆布的邊緣出現小氣泡並開始晃動時轉文火。
2. 撈取浮沫，調整火力保持在即將沸騰的狀態，試試看味道，等到鮮味足夠之後取出昆布。熬煮多久會釋放鮮味呢？由於不同的昆布需要的時間不同，因此必須試味道確認，大約需要15～20分鐘的時間。取出昆布之後的湯汁稱做昆布高湯，是素高湯的一種。
3. 取出昆布之後加入一小杯的水（分量外），降低鍋內溫度，均勻撒入柴魚。柴魚會先下沉，等到浮上來之後再度試味道，用準備好的篩網過濾。這個過程大約5個呼吸的時間，不需要煮太久。過濾時不要按壓柴魚，以免產生雜味。
4. 保存高湯的時候首先加熱至50度左右，進行低溫殺菌。冷卻之後也可以加日式醃梅。冷藏大約可保存3～4天。

無與倫比的美味

番茄汁

我的母親辰巳濱子自昭和二十一年起，就會用自家的番茄做番茄汁給家人品嘗。母親沒有學過西式料理，但她卻好像理所當然似地搭配了三種香味蔬菜，也許這就是天生好手吧。

番茄汁

材料

全熟番茄……1公斤
洋蔥……100公克
紅蘿蔔……70公克
西洋芹……50～70公克
大蒜……1瓣
月桂葉……1片
香芹梗……數根
白胡椒粒……5粒
鹽……1小匙
砂糖……1～2小匙
水……1～1.5杯

事前準備

洋蔥、紅蘿蔔、西洋芹切成1～2公釐的薄片。大蒜稍微拍碎。

番茄放入鋼盆泡水，再用濕布擦拭髒污。

製作方式（番茄去蒂最適合使用165頁介紹的小刀）

1. 蒂頭朝上，放在砧板上。右手持小刀，插入蒂頭周圍，左手轉動番茄，挖除蒂頭。拿在手上挖取蒂頭既危險又不好操作。

2. 由於番茄有酸味，因此使用琺瑯鍋。將**1**的番茄拿到鍋子上方，為了不浪費任何一點番茄汁和籽，用兩隻手撕成小塊放入鍋裡。

3. 剩下的材料全部放入鍋裡，用有洞的湯勺將番茄壓碎。放入材料時，根據番茄的甜度調整砂糖的用量（如果番茄夠甜，也可以不加糖）。另外，為了帶出番茄的汁液，加入的水量盡量控制在1杯以內。

4. 一開始開中火，沸騰後轉文火，不蓋鍋蓋熬煮20～30分鐘，直到番茄軟爛為止。必要的話可以加一點水，關火。

5. 從**4**的鍋裡取出大蒜和香味蔬菜後過濾。不僅是汁液，番茄的果肉也要壓碎過篩。過篩完成後的番茄汁放入鍋裡開文火，加熱至50度左右，進行低溫殺菌。放冰箱冷藏或倒進玻璃杯裡，喝的時候加數滴檸檬汁更美味。

重點提示

番茄確實洗淨後蒂頭朝上，放在砧板上。一邊用左手轉動番茄，一邊用小刀挖除蒂頭。

一開始開中火，沸騰後一定要轉文火。不蓋鍋蓋熬煮 20 ～ 30 分鐘，直到番茄軟爛為止。

取出大蒜和香味蔬菜，用篩網過濾。不僅是汁液，果肉也要過濾。

番外篇：夏季必備番茄醬

新鮮番茄醬

新鮮番茄醬

材　料

洋蔥……150公克
大蒜……1瓣
番茄……800公克多
橄欖油……2大匙

奶油……2大匙
羅勒葉或月桂葉……3片
鹽……1小匙
胡椒……少許
砂糖……1～2小匙

事前準備

洋蔥和大蒜切碎。如果洋蔥刺鼻味重，可以用布將洋蔥和大蒜一起包起來後用流動的水沖洗，確實擠乾水份。番茄去皮、去籽後大致切成方塊，試味道確認酸味的強度。

製作方式

在義大利和西班牙的家庭中，這相當於是日本的味噌湯，沒有人不會做。一定要先學會做這道番茄醬，才能談論其他西歐料理。

1. 根據36頁的要領蒸炒洋蔥和大蒜。

2. 炒洋蔥是製作醬汁的基礎，必須耐心蒸炒，直到洋蔥呈現金黃色為止。

3. 等到洋蔥的刺鼻味消失，開始散發香氣且變色，蒸炒就快完成，這時加入奶油（如果不使用奶油，則在步驟**1**時使用4大匙的橄欖油）。

4. 在**3**的鍋裡加入番茄、羅勒葉、鹽、胡椒，如果番茄較酸，可以多加一點糖（如果夠甜也可以不加糖）。文火熬煮約20分鐘後關火。

※可以大量製作後冷凍保存。這番茄醬與雞蛋的料理十分搭配，不僅可以用來製作義大利麵，淋在西式雞肉炒飯上也很美味。根據用途，可以過篩後再使用。

在夏天補充秋天的營養素

紅蘿蔔汁

製作方式

每天早上喝一杯紅蘿蔔汁的人，與沒有這個習慣的人有顯著的差異。這也是自我救濟的方式之一。也可以使用榨汁機，請一定要嘗試。

1. 這道紅蘿蔔汁的比例是1根大的紅蘿蔔搭配2顆蘋果和1顆檸檬。大量製作的時候也要維持這個比例。材料越新鮮，果汁越美味。首先將檸檬榨汁備用，淋一點檸檬榨汁在削去厚厚一層皮的紅蘿蔔上。因為有酸味，因此準備陶瓷或不鏽鋼的篩網，另外將紅蘿蔔磨成泥。

2. 用紗布或過濾布將紅蘿蔔泥包起來，用手擠榨出汁入鋼盆（殘渣另外放）。如果使用榨汁機，則紅蘿蔔汁的顏色會沒有那麼鮮豔。

3. 蘋果削皮對半切，泡鹽水。從外側開始磨成泥，最後剩下中間的芯。使用榨紅蘿蔔汁的布，以與**2**相同的方式榨汁。

4. 將**3**倒入玻璃杯裡，放入適量的檸檬榨汁。紅蘿蔔渣與切碎的洋蔥、橄欖油、醋、鹽拌勻，可以塗在吐司上或當做三明治的餡料。

第五章

風土的豆 日本的海

日本食材的現況日益嚴峻。為了能夠在二十一世紀生存，必須擁有應付各種變化的知識，還必須一而再、再而三地大量練習。

撒點薄鹽品嘗各式豆類，或是靈活運用日本的高湯，這些練習都與未來的生存息息相關。

結合兩樣事前準備好的材料

加利西亞風味白腰豆湯

加利西亞風味白腰豆湯

我希望湯品能夠成為飲食生活的基礎。

首先要介紹的是加利西亞風味白腰豆湯。伊比利半島的人們過去非常依靠豆類，因此，西班牙有許多聰明的豆類料理。這道湯品也是其中之一，是一種腳踏實地的品嘗方式。有趣的地方在於將事前準備好的白腰豆和肉類合而為一。只要確實掌握每一個步驟，就能輕鬆享用，這道湯品就是最典型的例子。

首先從豆類的事前準備開始練習。

①豆子的事前準備：基本的炊煮方式

材料

白腰豆（乾燥）……2杯

香味蔬菜

洋蔥……小1顆

紅蘿蔔……70公克

西洋芹的莖部……70公克

月桂葉……1～2片

丁香……3～5粒
橄欖油……2～3大匙
熱水（40度……適量）

事前準備

洋蔥去皮後縱向切成兩半，紅蘿蔔削皮縱向切成兩半後再切成5公分的小塊，西洋芹則切成7～8公分的小段。丁香可以插在紅蘿蔔上。

製作方式（參照104頁）

1. 白腰豆洗淨，用10杯的水（豆子容積的5倍）浸泡一晚備用。如果要使用小蘇打粉，可加1小匙在水裡。
2. 隔天早上進行去除小蘇打粉影響的工作。倒掉泡豆子的水，沖洗豆子。豆子放入鍋內，倒入6杯水（豆子容積的3倍），開中火加熱，沸騰後轉文火，出現泡泡之後從火爐上移開。從上倒入約40度的溫水，這是為了避免溫度差影響豆子。溫水倒入後清洗豆子。
3. 用篩網撈起豆子放回鍋裡，重新倒入熱水，水量超過豆子3公分，加入香味蔬菜和其他材料。開中火加熱，沸騰後轉文火，等豆子八分熟（可以用手指捏碎但仍殘留一點硬度）之後關火，取出豆子以外的食材。

②肉的事前準備：排骨高湯

材料

排骨（帶骨）……800公克
事前處理所需要的鹽……28～40公克（排骨重量的3.5～5%）
檸檬（圓片）……2～3片
香味蔬菜
洋蔥……130公克（洋蔥縱向對半切）
紅蘿蔔……80公克（紅蘿蔔去皮後縱向對半切）
西洋芹的莖部……130公克（西洋芹縱向對半切後再切大塊）
月桂葉……2片
昆布……5公分方形3～4片
乾香菇……3～4朵
水……適量

事前準備

排骨務必先用鹽醃漬。備料盤鋪上網子，將撒上鹽的肉鋪好後（如下圖）密封，放入冰箱冷藏2～3天。多餘的水份會滴到網子下面，鮮味提升。

製作方式

1. 滾水放入檸檬片，將醃漬好的排骨放入汆燙，再用水確實沖洗油脂和髒汙。大鍋放入洗淨的排骨和香味蔬菜、昆布、乾香菇，倒入水，水量超過食材2公分，開火加熱。

2. 一開始開中大火，沸騰之後轉文火。撈取浮沫，靜靜熬煮大約1小時30分鐘，直到竹籤可以刺穿排骨為止。中途如果湯汁不夠，可以加水，保持水量在超過食材2公分的位置。如果使用雙層鍋，沸騰後撈取浮沫，用文火熬煮約10分鐘，放進外鍋裡（建議可以在睡前準備），等待約6小時。

3. 從**2**的鍋裡取出香味蔬菜、昆布、乾香菇，稍微放涼後連鍋子一起放冰箱或陰涼處靜置一晚。用有洞的湯勺撈取所有凝固的白色油脂。

4. 從**3**的鍋裡取出排骨。剩下的湯汁過濾後加熱，不需要加熱至沸騰。這個湯汁可以當做高湯使用。冷卻後和肉一起放進容器裡保存。

豆子和肉都是冷卻後連同湯汁一起保存，冷凍可保存3個月。

③收尾：肉和蔬菜合而為一

材料

冷凍保存的白腰豆和湯汁……全部的量
冷凍保存的排骨和高湯……適量

高麗菜……400公克
蕪菁……4顆
番茄……1顆
鹽……適量

事前準備

將高麗菜的芯和葉分開，芯斜切成薄片，葉大致切成小片。蕪菁留下一點莖部，削皮後縱切成4塊。番茄不用切，只要取下蒂頭即可。

製作方式

1. 將白腰豆、湯汁、排骨和高湯解凍。

2. 將白腰豆和湯汁、排骨放入鍋裡。

3. 加入比蓋過食材還多一點的排骨高湯。

4. 加入番茄開中火，沸騰後轉文火熬煮。

5. 等到豆子完全變軟之後放入高麗菜。因為蕪菁很快就會煮爛，因此等一段時間之後再加入。所有蔬菜都放進鍋裡後繼續熬煮，直到入味為止。

6. 用鹽調味。這個時候要考慮排骨和高湯含有的鹽份。取出番茄，可以切成適當大小，當做湯料品嘗。

※在西班牙會使用名為pimentón（煙燻紅椒粉）的香料，屬於紅椒粉的一種。如果買得到，可以在步驟**4**加入番茄的時候，同時加0.5～1大匙。

重點提示

炊煮白腰豆的基本範例。最後倒入熱水，保持水量超過豆子 3 公分，和香味蔬菜一起炊煮。

為了維持高麗菜口感的統一，將高麗菜芯斜切成薄片，葉子大致切成小片。蕪菁削皮後縱切成 4 塊。

將豆子、湯汁、排骨和高湯、番茄放入鍋裡。等到豆子完全煮軟之後加入高麗菜。

沸騰後轉文火。由於蕪菁很快就會煮爛，因此最後再加。

最後用鹽調味。還可以加 pimentón（買不到的話可以用紅椒粉取代）增添香味。

推薦給發育期的孩子

或許是風土的影響，西班牙的白腰豆皮很軟，幾乎感覺不到。因為無法期待日本的豆子也是如此，因此要泡小蘇打水，軟化外皮。

然而有一年，我造訪長野縣飯山市的時候，遇到了如天使一般溫和的豆子。那是當地農家為了自用而在庭院裡栽種的豆子，形狀雖然不怎樣，但炊煮時一下子就煮好了，飽滿美味的豆子讓我忍不住讚嘆。聽說西班牙和南美的人不會事前將豆子浸泡一晚，當我遇到這個豆子的時候才終於理解原因。

位於西班牙西北部的加利西亞地區，是連接基督教聖地——聖地亞哥德孔波斯特拉（Santiago de Compostela）——的朝聖之路。豆類的湯品屬於當地家常菜，據說過去沿路的人家會提供給朝聖者吃。正統使用的是鹽醃過的豬肉，但這裡使用的是鹽漬排骨。使用排骨還可以同時攝取骨頭釋出的營養成分。肉和豆的營養交融，一碗就可以補充各種營養素，希望大家平時也能多品嘗這道湯品。

事前處理肉類時熬製的高湯，可以用來當做味噌湯的湯底。排骨和高湯，加上里芋和蒟蒻，再用味噌或醬油調味，煮成一道火鍋也很不錯。

（文：矢板靖代）

菜單範例

白腰豆湯

肉類和豆子交融的湯品，光是這樣就能補充各式各樣的營養素。可以搭配番茄沙拉和麵包。

義大利的卷纖湯

義式蔬菜湯

義式蔬菜湯

材料

洋蔥……170公克
大蒜……1瓣
紅蘿蔔……125公克
西洋芹莖部……150公克
高麗菜……5～6片
馬鈴薯（五月皇后）……300公克
水煮白腰豆（水煮方式參照98頁）
……1.5杯、煮豆的湯汁……適量
番茄……250公克
月桂葉……1～2片
雞高湯……7～10杯
橄欖油……4大匙
鹽……2～3小匙
帕馬森起司……適量
香芹……適量

事前準備

洋蔥切成1公分小丁，大蒜切成薄片。紅蘿蔔、馬鈴薯切成1公分小丁，泡水10分鐘以內，瀝乾備用。高麗菜芯切成薄片，葉子切成2公分方形。汆燙番茄剝皮，去除蒂頭和籽，切成1.5公分小丁。

製作方式

1. 根據36頁的要領，從洋蔥和大蒜開始蒸炒。
2. 接下來加入紅蘿蔔，等到紅蘿蔔變得有光澤後加入西洋芹。接著依序加入高麗菜芯、馬鈴薯，繼續蒸炒。
3. 等到**2**的蔬菜八分熟之後，最後加入高麗菜葉稍微拌炒，完成蒸炒的步驟。
4. **3**的鍋子加入水煮白腰豆和少許的煮豆湯汁，再加入番茄和月桂葉，倒入高湯蓋過食材。加入一半分量的鹽做基礎調味，一邊撈取浮沫，一邊熬煮約20～30分鐘。
5. 留意湯的濃稠度，加入剩下的高湯。確認味道，用剩下的鹽調味。上菜的時候撒上帕瑪森起司和切碎的香芹。

只有日本人才做得出來

鱈魚的馬賽魚湯是站在日本和西洋飲食文化的原點，雖不起眼卻真正融合的最佳成功範例。我在某次國際婦女會講習的時候，使用昆布和柴魚的一番高湯製作這道湯品，據說會後還為人津津樂道。

對於熟知美味清爽的日式清湯或日式鯛魚和鱸魚湯的人而言，可能對被稱做「fumet de poisson」的西式魚高湯有所疑問（當然就營養的觀點，有值得參考的地方）。

我試著用以鱈魚和馬鈴薯為主體的樸素湯品解決這個疑問。

簡單來說，首先用小魚乾萃取高湯，再用橄欖油拌炒洋蔥、紅蘿蔔、西洋芹等香味蔬菜，加入小魚乾高湯，靜靜熬煮。以這種方式製作，能夠超乎意料地消除小魚乾的痕跡。如果再加少量的番茄，完全就是歐風的湯品。

注意事項是來自產地和非產地的鱈魚有不同的處理方式。如果是來自非產地的鱈魚，務必用刀刮魚皮，去除異味。

我祈求鱈魚今後也一直能是容易入手的魚類。

純日式的恩惠
鱈魚和馬鈴薯的馬賽魚湯

鱈魚和馬鈴薯的馬賽魚湯

①熬製高湯：小魚乾高湯

小魚乾湯鍋的材料

小魚乾粉（請參照下面詳解）……3大匙

水……3杯

昆布和香菇乾湯鍋的材料

昆布……5公分方形5～6片

香菇乾……小5～6朵（大2朵）

水……7杯

製作小魚乾粉

選購有光澤的小魚乾。把魚頭和魚身分開，去除魚鰓裡的血塊。拇指放在魚背，食指放在魚肚，捏碎取出魚腸。

由於魚頭和魚身煮熟所需的時間不同，因此要用不同的鍋子拌炒。平底鍋開火加熱，等鍋子熱了之後轉文火，放入魚身。拌炒大約20分鐘，直到散發香氣且酥脆的狀態，魚頭也用同樣的方式拌炒。用擂缽將魚頭和和魚身磨成粗的粉末後裝瓶，冷藏或冷凍保存。

製作方式（沒有時間製作小魚乾粉的人可以參考163頁的市售品）

1. 根據前述的順序製作小魚乾粉。
2. 準備兩口小鍋，依照分量分別放入「小魚乾粉、水」和「昆布、乾香菇、水」，至少靜置1小時。分成兩鍋是為了避免小魚乾的腥味影響昆布等。
3. 同時開文火加熱 **2** 的兩口鍋子。小魚乾的鍋子會先煮開，因此必須調整火力，維持在即將沸

用兩口小鍋熬煮食材

騰的狀態。昆布和乾香菇的鍋子也相同。

4. 試味道，等到小魚乾的味道充分釋放出來之後，篩網鋪上用水沾濕的布（不織布的紙巾等），將小魚乾的高湯過濾倒入昆布和乾香菇的鍋裡。煮開後需要幾分鐘的時間，小魚乾才會釋放鮮味，有時需要將近10分鐘。

5. 維持**4**在即將沸騰的狀態，熬煮10～20分鐘。等到鮮味釋放到極致之後，取出昆布和乾香菇。再次用布過濾是更仔細的做法。剩下的香菇可以用來製作各式料理。

②收尾：用高湯煮鱈魚和馬鈴薯

材料

鹽漬鱈（薄鹽）……600公克
馬鈴薯（五月皇后）……中4～5顆
吐過沙的蛤蠣……400公克
白酒……少許
大蒜……1瓣
橄欖油……3大匙
小魚乾高湯……13杯
香味蔬菜
　洋蔥和大蔥……合計150公克（各半或全部都是洋蔥也可以）
　西洋芹莖部……100公克
　紅蘿蔔……70公克
　月桂葉……2片
白胡椒粒……8粒
番茄……200公克
鹽……1～2小匙
咖哩粉……1～3小匙（代替番紅花）

事前準備

大蒜和洋蔥切成薄片，大蔥、西洋芹、紅蘿蔔切成細絲。馬鈴薯切成一口大小，泡水10分鐘以內。番茄去皮後切丁。蛤蠣撒鹽（分量外），用兩手搓揉貝殼後水洗，重複這個動作三次。瀝乾後擺放進平底鍋裡，用白酒蒸煮。蛤蠣開口後撕掉沒有蛤蠣肉那一半的殼，湯汁過濾。

鱈魚的事前準備

鹽漬鱈魚的腥味來自魚皮。因此用刀尖反覆刮魚皮，直到不再出現黑色汁液為止。準備60～70度的熱水（分量外），加入幾片檸檬圓片（分量外）。鱈魚切成兩口大小的塊狀，汆燙2～3分鐘，再用冷水確實沖洗，瀝乾備用。如果使用的不是鹽漬鱈魚而是新鮮鱈魚，則要預先撒鹽靜置一晚。

製作方式

1. 根據36頁的要領，從大蒜開始蒸炒。等到出現香氣後，加入香味蔬菜和白胡椒粒，蓋上鍋蓋蒸炒。

2. 加入馬鈴薯，倒入小魚乾高湯和蒸蛤蠣的湯汁蓋過食材，再加入番茄、鹽1小匙，靜靜熬煮。等到馬鈴薯九分軟爛之後，加入鱈魚、蛤蠣以及咖哩粉增添風味，熬煮數分鐘加熱。

3. 由於海鮮會釋放鹽份，因此確認味道後再用鹽和剩下的高湯調味。可以整鍋上桌，或是分裝成小鍋。可以搭配大蒜麵包佐香芹。

重點提示

蛤蠣撒鹽，用兩手搓揉貝殼之後水洗。再放入鍋裡加白酒，蓋上鍋蓋蒸煮。

為了去除鱈魚皮的腥味，用刀尖反覆刮，直到沒有魚鱗且不再出現黑色汁液為止。

從大蒜開始蒸炒，加入香味蔬菜和白胡椒粒，蒸炒至左圖的狀態。

重點提示

加入馬鈴薯，倒入小魚乾高湯和蒸蛤蠣的湯汁，再加入番茄和鹽 1 小匙，靜靜熬煮。

馬鈴薯九分軟爛之後，加入鱈魚、蛤蠣、咖哩粉加熱。

熬煮至左圖的狀態就完成了。由於海鮮類會釋出鹽份，因此務必確認味道，有必要的話再加鹽和高湯。

鱈魚馬賽魚湯的應用範例

搭配烤吐司（右圖）

品嘗方式的範例。將大蒜麵包放在馬賽魚湯上，再搭配白酒，也可以當做宴客料理的一道菜。

鱈魚昆布（左圖）

經過事前處理的鱈魚也可以製成清湯。用高湯溫熱鱈魚和昆布，用醬油、鹽、煮過的酒調味，佐柚子皮和泡水去除嗆味的蔥絲。昆布也切成細絲放在湯上。

找回新鮮風味的手法

馬賽魚湯最大的優點莫過於可以連同湯汁一起完整享用當季的魚。雖然海鮮的事前處理需要花費一點功夫，但只要處理完成，接下來就很輕鬆，是一道很容易製作的湯品。

許多人可能覺得處理海鮮是一項大工程。但這道湯品的重點就在於仔細處理海鮮。

例如，去除鱈魚的魚鱗，反覆用小刀刮除魚皮表面的髒污。重複這個動作三至四次，還是可以看到刀尖上有黑色的髒污。看到髒汙或許會變得神經質，但這個事前處理的工序，不僅僅是為了清潔鱈魚。

許多人因為鱈魚的腥味很重，所以敬而遠之。然而，剛打撈上來的鱈魚非常新鮮，味道高雅細緻。在都市很難嘗到這種奢侈的滋味，但藉由這道事前處理的工序，可以盡量接近。雖然會花費一點時間，絕對值得一試。

如果魚夠新鮮，也有直接熬煮魚頭當做高湯的製作方式。如果要使用魚頭，依照下述的方式製作，想必萬無一失。

蒸炒香味蔬菜，加入洗淨並擠上檸檬汁的魚頭。一邊拌炒一邊用木鏟敲擊，帶出骨髓的營養。淋上白酒抑制腥味，再加水和番茄，靜靜熬煮至少30分鐘，萃取高湯。

請大家細細品嘗因為費工才得以誕生的奢侈風味。

（文：矢板靖代）

菜單範例

照片是用小銀綠鰭魚製作的馬賽魚湯。與鱈魚不同，由於魚刺很多，因此事前必須先將魚骨取下。搭配吐司和沙拉享用。

第六章

色香味俱全的濃湯

食材煮熟後的味道、滲出的湯汁蘊含的鮮味，與烤的風味截然不同。

我不禁思考，我們的祖先到底是如何知道這種口感的。說不定與大大的貝類有關。

不知道有沒有人記得，以前會在大大的貝殼裡裝水，將鳳眼藍花朵漂浮在水面，放在玄關裝飾。

取決於蔬菜的好壞

葡萄牙風味的紅蘿蔔濃湯

葡萄牙風味的紅蘿蔔濃湯

材料

新紅蘿蔔（譯註：採收後立即出貨的新鮮紅蘿蔔）……500公克
洋蔥……150公克
大蒜……1瓣
番茄……250～300公克
米……60公克
月桂葉……1片
橄欖油……3～4大匙
雞高湯……4～6杯
鹽……2小匙
牛奶……1～2杯

事前準備

紅蘿蔔削皮之後切成4～5公釐厚的薄片，泡水10分鐘以內。洋蔥切成1～2公釐厚的薄片，大蒜也切成薄片。番茄去皮、去籽之後大致切塊，米洗淨後瀝乾備用。

製作方式

1. 根據36頁的要領，從洋蔥、大蒜、月桂葉開始蒸炒。
2. 接下來加入紅蘿蔔，等到紅蘿蔔的鮮味充分釋出之後，加入米和少許的鹽（分量外）。等到紅蘿蔔出現**難以言喻的光澤**後，加入番茄繼續蒸炒。
3. **等到所有食材都帶有光澤**之後，蒸炒就完成了。**在食材帶有光澤之前不可以加入雞高湯**。加入雞高湯蓋過食材，放入一半分量的鹽，蓋上鍋蓋加熱，沸騰前開中大火，沸騰後轉文火熬煮。
4. 在米變軟之前持續熬煮。關火前確認所有的食材都變軟且與湯融為一體，並散發美味的香氣。
5. 關火，取出月桂葉，稍微放涼後趁熱用果汁機攪打至滑順，過濾倒入乾淨的鍋裡。
6. 再次開火，加入剩下的高湯和牛奶調整濃稠度，再用剩下的鹽調味。可以搭配不同的湯料一起享用。

重點提示

從洋蔥開始蒸炒，等到刺鼻味消失後，依序加入紅蘿蔔、米、鹽（分量外）

等到紅蘿蔔帶有光澤後，加入番茄繼續蒸炒，小心不要燒焦。

在所有食材都帶有光澤之前，不可以加入雞高湯。加入雞高湯和一半分量的鹽，熬煮。

關火前確認所有的食材都變軟且與湯融為一體，並散發美味的香氣。

趁熱用果汁機攪打至滑順，過濾倒入乾淨的鍋裡。

再次開火，加入剩下的高湯和牛奶調整濃稠度，再用剩下的鹽調味。

輕鬆攝取營養的寶庫

紅蘿蔔的顏色越接近鮮豔的橙色，所含的胡蘿蔔素就越豐富。不僅可以期待對抗癌症的效果，據說對眼睛、皮膚、腸都有很好的作用，是一種萬能蔬菜。由於胡蘿蔔素溶於油脂之中更容易攝取，因此紅蘿蔔濃湯也非常符合營養學的理論，而且美味。

這道濃湯完全喝不出紅蘿蔔特殊的味道，口感濃郁滑順，想必會讓你大吃一驚。

番茄可以抑制紅蘿蔔特殊的味道並引出鮮味，而米是為了增加濃稠度。使用生米是因為想要在湯裡添加只有生米才有的鮮味。

提高湯品味道的秘訣在於使用新鮮的食材。挑選紅蘿蔔的時候，除了顏色要鮮豔之外，帶葉子的圓圈部分越小越好。最後用剩下的高湯和牛奶調整時，可以根據季節和品嘗的人，改變濃稠度。一般而言，清爽的湯品適合夏天，濃稠的湯品則適合冬天。

另外，加入煮軟的白腰豆、豬腿肉丸或糖煮紅蘿蔔當做湯料，也可以成為一道主菜。用果汁機攪打之前，取出部分紅蘿蔔當做湯料也不錯。

提供孩童和病人的湯品服務中，最受好評的就是這道濃湯。就連不喜歡吃紅蘿蔔的人也覺得美味。

（文：矢板靖代）

菜單範例

紅蘿蔔濃湯搭配大蒜麵包、培根和醋醃菇類的沙拉，以及糖煮蘋果。

三種湯料範例

濃湯配料的製作方式

費點功夫準備湯料，紅蘿蔔濃湯也可以成為主菜。

白腰豆的基本炊煮方式請參照98頁。

豬腿肉丸

材　料

豬腿絞肉……200公克
洋蔥……50公克
香芹……1大匙
蛋……0.5顆
鹽……0.5小匙
胡椒……少許
水……¼杯
太白粉（有澄粉更好）……1.5大匙

滷汁
水……適量
紅蘿蔔……50～70公克
洋蔥……小1顆
西洋芹莖部……50～70公克
月桂葉……1片
鹽……適量

製作方式

1. 製作肉丸。將豬腿絞肉、切碎的洋蔥、香芹、蛋、鹽、胡椒放入鋼盆，加入用水溶解的太

白粉，確實均勻。

2. 將滷汁的材料放入鍋裡煮滾。紅蘿蔔和洋蔥去皮後整顆放入。

3. 將**1**捏成一口大小的丸子，用**2**熬煮大約20分鐘。也可以改用雞絞肉。

糖煮紅蘿蔔

材料

紅蘿蔔（切成3公釐厚的圓片）……400公克

大蒜（切碎）……少許

橄欖油……1大匙

孜然……少許

鹽……少許

砂糖……0.5小匙

水……適量

奶油……適量

柳橙汁……1顆柳橙的分量

製作方式

1. 將紅蘿蔔和大蒜與橄欖油、孜然、鹽、砂糖一起放入鍋裡，充分拌勻。倒入蓋過食材一半高度的水。烘焙紙剪成的鍋蓋塗上奶油，蓋上熬煮。

2. 等到水份收乾後加入柳橙汁，再度將水份收乾。

白色蔬菜的維生素受熱也不會被破壞

白花椰菜濃湯

白花椰菜濃湯

材料

白花椰菜（濃湯和濃湯的配料）……500公克
洋蔥……150公克
月桂葉……1片
馬鈴薯（男爵）……300公克
西洋芹莖部……150公克
米……¼杯
雞高湯……6杯
牛奶……1～2杯
橄欖油……3大匙
鹽……2小匙

事前準備

洋蔥切成4塊之後再切成3公釐厚的薄片。西洋芹也切成小段後再切成薄片。

馬鈴薯削皮後切成1公分厚的小塊，泡水10分鐘以內。白花椰菜剝成小朵，取⅔的量切碎，剩下的當做湯料使用。白花椰菜的莖部削皮之後對切，再切成小塊。柔軟的葉子切碎使用。用熱水將當做湯料的白花椰菜煮到七分熟後關火，利用餘溫讓整體變軟。

製作方式

1. 根據36頁的要領，從洋蔥和月桂葉開始蒸炒。

2. 依序放入馬鈴薯、西洋芹、白花椰菜（除了當做湯料以外的所有花蕾、莖、葉）。

3. 加入白花椰菜後偶爾打開鍋蓋，持續蒸炒。等到白花椰菜呈現141頁照片上手指向的狀態後，加入洗淨瀝乾的米，繼續蒸炒。

4. 等到材料五分熟之後，蒸炒結束。倒入雞高湯蓋過食材，再加一半分量的鹽熬煮。

5. 蔬菜完全變軟之後，將鍋子從火爐移開。取出月桂葉，稍微放涼後再趁熱用果汁機攪打至滑順。一邊過濾一邊倒入乾淨的鍋裡。

6. 倒入牛奶，用剩下的鹽調味，視情況加入高湯調整濃稠度。除了白花椰菜之外，火腿也可當做湯料。

重點提示

分成小朵的白花椰菜取⅔的量切碎，剩下當做配料使用。莖部削皮後切成小塊，柔軟的葉子切碎。

鍋裡放入洋蔥、月桂葉、橄欖油，拌勻後開火蒸炒。

加入白花椰菜後繼續蒸炒，等到呈現左圖的狀態後加米，繼續蒸炒。

重點提示

倒入雞高湯和一半分量的鹽，將蔬菜煮軟。等到呈現左邊照片的狀態後關火。

取出月桂葉，稍微放涼後用果汁機攪打。一邊過濾一邊倒入乾淨的鍋裡。

濃湯讓照護工作更安心

我之所以懇切希望醫院能夠提供湯品，主要是根據照護父親的經驗。父親半身不遂長達八年，同時還有語言障礙。自從他的體力開始衰退之後，旁人都可以看出他吃一道一道的菜是件多麼辛苦的事。

由於喉嚨麻痺，只要喝水就會嗆到，每次吞嚥食物，胸部就會激烈起伏。湯品將米、蔬菜、肉類等全部融合在一只碗裡。父親會改喝湯也可說是非常自然的變化。

被稱做「Potage Lié」的濃湯質地濃稠，喝下去也完全不會嗆到，最適合有吞嚥困難的人品嘗，負責照護或被照護的人都更安心。

使用適當的方式，才能聰明安心地進行照護，這一點不僅限於飲食。

預防感冒
準備迎接冬天

南瓜濃湯

南瓜濃湯

材料

南瓜……500公克
洋蔥……75公克
大蔥……75公克
番茄……100公克
月桂葉……1～2片
橄欖油……3大匙
雞高湯……5杯
牛奶……1～2杯
鹽……1.5～2小匙
義大利香芹……適量

事前準備

南瓜削皮後切成左圖的形狀，洋蔥切成1～2公釐厚的薄片，大蔥切成3公釐厚的小段，番茄去皮、去籽後切成1公分小丁。

製作方式

1. 根據36頁的要領，從洋蔥和月桂葉開始蒸炒。依序加入大蔥、南瓜、番茄，繼續蒸炒。等到蔬菜如下圖帶有光澤後，蒸炒完成。
2. 倒入雞高湯蓋過食材，並加入一半分量的鹽，蓋上鍋蓋熬煮。一開始使用中大火，沸騰後轉文火。繼續熬煮，直到南瓜充分變軟，關火。
3. 取出月桂葉，稍微放涼後趁熱用果汁機攪打至滑順。一邊過濾一邊倒入乾淨的鍋裡。
4. 再度開文火，用剩下的高湯和牛奶調整濃稠度（如下圖）。這時如果火太大容易燒焦，必須特別小心。用剩下的鹽調味，再根據喜好撒上義大利香芹。

第七章

珠玉般的清湯

烹調是用生命在製作，因此製作者的生命會透過製作出來的湯品傳遞，運到即將逝去者身體細胞的每個角落。

我認為這就是一種救贖與安慰。

擁有特殊使命的湯品

如果將湯品分類，大致可以分成兩類：

①慰勞活力不足的生命，注入力量。

②面對已經衰弱的生命，或是即將衰弱的生命，發揮不同程度的助力。帶有某種使命。

我認為下列這幾種湯品屬於第②類：

日式清湯（包含素高湯）

香菇煎湯

蔬菜清湯

清淡的肉類清湯

煎茶或玉露

我聽照護的專家說過，生命即將逝去的人會想要含冰塊。

我認為將糙米煎湯、蔬菜清湯、玉露、煎茶凍成冰塊是一種聰明的做法。放入製冰盒裡冷凍，分成適當的大小讓病患含在嘴裡。

烹調是用生命在製作，因此製作者的生命會透過製作出來的冰塊傳遞，運到即將逝去者身體細胞的每個角落，兩者合而為一。

這就是為什麼我希望為即將逝去的人提供美味的原因。「融為一體」「美味」的盡頭蘊含如此深意。

由此可知，平常的練習有多麼重要。不可能一下子就從無到有，只能透過不斷地練習。

《聖經》說：「人為朋友捨命，人的愛心沒有比這個大的。」唯有這樣才能共享**生命**。

蔬菜清湯

材　料

馬鈴薯（五月皇后）……500公克
洋蔥……150公克
西洋芹……130公克
紅蘿蔔……130公克
昆布（5公分方形）……4片
日式醃梅……1顆
乾香菇……小4～5朵
月桂葉……1片
水……大約6～7杯（務必維持在這個定量）
鹽……1～2小匙

事前準備

馬鈴薯切成1公分厚的薄片，洋蔥對切後再切成3公釐厚的薄片。西洋芹切成6公釐厚的小段。馬鈴薯和紅蘿蔔切好之後泡水10分鐘以內，確實瀝乾。

製作方式

1. 蔬菜的品質和切法能呈現無法言喻的滋味，因此必須確實做好事前準備。

2. 準備琺瑯鍋（沒有琺瑯鍋的話改用不鏽鋼或陶瓷鍋），將所有蔬菜以及昆布、日式醃梅、乾香菇、月桂葉放入鍋裡，倒入水，水量超過食材2公分，加鹽0.5小匙。

3. 不要蓋上鍋蓋，開中大火加熱，沸騰後轉中小火。繼續熬煮約20分鐘後，取出昆布。

4. 繼續用偏中火的文火熬煮20～30分鐘，這段時間很容易走味，因此要嘗試味道，如果感覺鮮味已經完全釋放，在時間內就可以關火。進行**3**和**4**的步驟時，視情況補充熱水（非冷水），保持水量超過食材2～3公分。

5. 關火，立刻靜靜地過濾。湯倒入鋪上布巾的篩網，將過濾好的湯倒入另一口鍋子裡。

6. 將**5**再度開文火加熱，試味道，用鹽調味，關火。這時候注意不要讓湯沸騰。完成之後的蔬菜清湯和剩下的蔬菜都可以做出各種不同的變化。

重點提示

馬鈴薯切成 1 公分厚、洋蔥 3 公釐厚、西洋芹 5 公釐厚、紅蘿蔔 5 公釐厚。

將所有材料放入鍋裡，倒入水，水量超過食材 2 公分，加鹽 0.5 小匙。

開中大火，沸騰後轉中小火。熬煮約 20 分鐘後取出昆布。

重點提示

繼續熬煮 20 ～ 30 分鐘，期間補充熱水，維持水量高度。只要感覺鮮味充分釋放就可以關火。

關火，立刻過濾。將過濾好的清湯再開文火加熱，試試味道，加鹽調味。剩下的蔬菜也有各種不同的應用。

蔬菜清湯的應用範例

由於蔬菜清湯的口味溫和，也可以用來代替茶。其他還有許多不用的應用方式，左邊的範例適合有吞嚥困難的人品嘗。

蔬菜清湯凍

將蔬菜清湯製成果凍，吃的時候可以淋上肉類清湯，同時品嘗兩種不同的清湯。

蔬菜清湯底的葛羹粥

蔬菜清湯放入鍋裡開文火加熱，一邊攪拌一邊倒入用水溶解的葛根粉。等到有一定濃稠度之後，將熬製蔬菜清湯時剩下的紅蘿蔔、西洋芹切碎後加入，淋在白粥（米和水的比例是1：5）上。

蔬菜清湯底的蕎麥粥

蔬菜清湯凍

歐姆蛋

馬鈴薯沙拉

蔬菜清湯剩餘蔬菜的應用範例

馬鈴薯沙拉

剩下的蔬菜非常軟爛，因此要另外準備少許泡過水的洋蔥和用鹽抓過的黃瓜，最後再用鹽、胡椒、美乃滋調味。

歐姆蛋

蔬菜用鹽調味，加入打散的蛋液，製成歐姆蛋。如156頁的照片，淋上新鮮番茄醬（89頁）也非常美味。

菜單的範例

蔬菜清湯是蔬菜的萃取液，可以想成是蔬菜料理的延伸。與烤牛肉等肉類十分搭配。

卷末食譜

親手熬製雞高湯

材料

雞翅……7～10隻（雞脖子5根和雞翅5隻更好）

昆布……5公分方形5片

香菇乾……大3朵

水（用來泡昆布和香菇）……3杯

檸檬（圓片）……2片

香味蔬菜

洋蔥……150公克

紅蘿蔔……75公克

西洋芹……75公克

香草束……適量（或香芹梗1根、月桂葉1片）
白胡椒粒……10粒
水……10杯

事前準備

雞翅從關節處切開，雞翅末尾的雞翅尖切除。如果使用雞脖子，要用魚刀等重一點的刀子敲碎骨頭，味道比較容易釋放。用3杯水浸泡昆布和香菇約1小時。

製作方式

最近市面上也出現了高品質的雞高湯（162頁）。如果是經常製作湯品的人，或許可以使用市售品。下面是為想要自己熬製的人介紹製作方式。

1. 水（分量外）加檸檬片煮滾，放入雞翅。再次沸騰之後將雞翅撈起，用流動的水充分洗淨。如果使用雞脖子，也用同樣的方式去除油脂。

2. 將**1**的雞、香味蔬菜以及白胡椒粒放入一口深的鍋子裡。洋蔥和紅蘿蔔削皮後完整放入，西洋芹則是切成兩塊後放入。接下來加入昆布、香菇和浸泡的水，另外再倒入10杯水，開中大火加熱。

3. 沸騰後轉文火，一邊撈取浮沫一邊熬煮約1小時。熬煮大約30分鐘後撈起蔬菜，繼續熬煮30分鐘。

4. 試味道，味道充分釋放之後關火，用布過濾。保存時將過濾好的高湯再度開文火加熱至沸騰。冷凍可保存1個月。

※ 如果是不利於保存的炎熱季節，可以在**2**的步驟加鹽1小匙。

推薦食材和烹調器具一覽

旨味材料

◉雞高湯（詳情請洽茂仁香）

雞清高湯200

4320日圓（200g×10包）

選用2年以上的老母雞熬煮4小時以上而成的冷凍高湯。沒有添加化學調味料，100%天然材料。可作為大部分湯品的湯底，應用範圍廣泛。冷凍保存的賞味期是1年，使用時用5～10倍的水稀釋。日本湯品

◉乾香菇（詳情請洽茂仁香）

久住高原　加藤家的乾香菇

冬茹（100g）1350日圓

香信（100g）1134日圓

專家加藤先生栽培的大分縣原木香菇。

加藤家

◉昆布和柴魚（詳情請洽茂仁香）

利尻昆布4439日圓（300g）

昆布碎片2808日圓（500g）

利尻昆布是產自北海道的最高級昆布。昆布碎片是修整上等利尻昆布的形狀時剩餘的部位。雖然有些部分呈茶褐色，但只要用心處理，仍然可供日常使用。

Soubei／茂仁香

花鰹（四季重寶）1728日圓（160g）

精心挑選鰹竿釣法釣到的鰹魚為原料，是重複三、四次黴分解的傳統技法所製成的本枯鰹魚。Maruten

◉小魚乾類（詳情請洽茂仁香）

小魚乾864日圓（250g）

香川縣伊吹島周邊捕獲的日本鯷。可以熬煮出高雅的高湯。山下海產

潮之寶1296日圓（10g×8包）

黑潮之力1404日圓（11g×8包）

潮之寶是將瀨戶內海的日本鯷去除內臟後炒香再磨成粉，還加了日本國產香菇。黑潮之力是取高知縣產鰹魚的魚骨，炒香後磨成粉，還加了乾燥紅蘿蔔、香菇、蔥、薑。山下海產

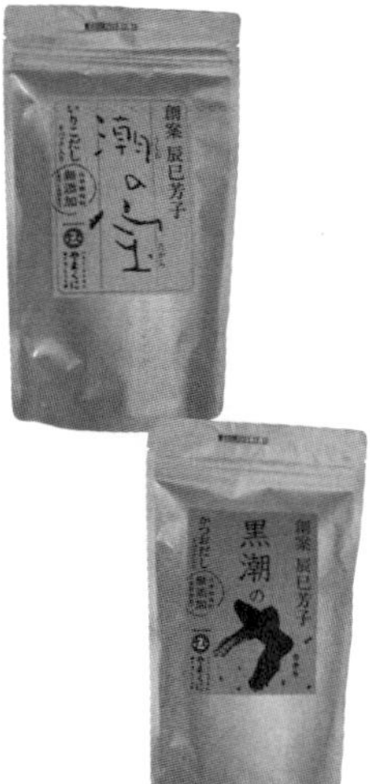

調味料和蔬菜

◉油和鹽（詳情請洽茂仁香）

EXV橄欖油NOSTRALE 2430日圓（500ml）

挑選在最適當採收時期手工採集的果實製作，沒有經過任何化學處理。酸度低於1%的特級冷壓橄欖油分為VERDE、ORO、NOSTRALE三個等級。NOSTRALE由於純度高，因此除了料理之外，也用來當做化妝品或醫藥品使用，可說是橄欖油原點的純正品。義大利商事

栗國之鹽 1296日圓（500g）

栗國島近海的海水經過平釜熬煮製成的鹽。百貨公司或大型超市可以買得到。沖繩海鹽研究所

◉日式醃梅（詳情請洽茂仁香）

龍神梅 1101日圓（280g）

使用和歌山縣龍神村無農藥、無化學肥料栽種的梅子製作而成。龍神自然食品中心

◉蔬菜類

馬鈴薯 佐佐木商店（北海道）

紅蘿蔔 山武蔬菜網路（千葉）

販賣各式有機蔬菜，根據時節，有時也會販賣適合榨汁的紅蘿蔔。

器具

◉小刀、布等（詳情請洽SD企劃設計研究所／茂仁香）

鳥嘴削皮刀

4104日圓（不鏽鋼／刀刃長度78mm）

德國Solinge的刀子，好握合手。

也有刀刃長度55mm的刀子。SD企劃設計研究所

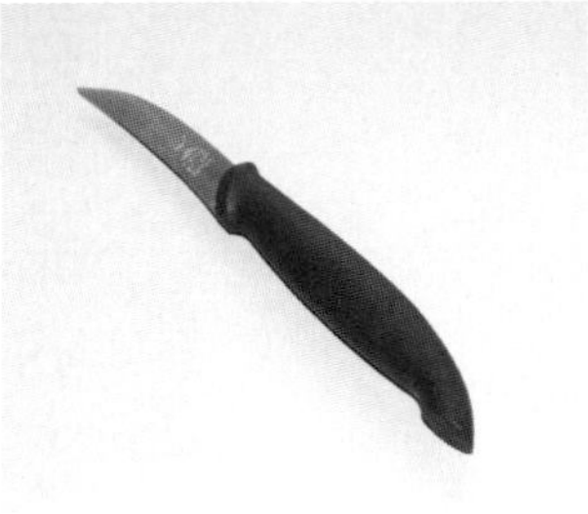

100%純棉料理布670日圓（30張）

過濾湯汁時使用的不織布。日清紡

※商品價格皆含稅，2015年6月的價格。

◎茂仁香

0467-24-4088　http://monika.co.jp

◎SD企劃設計研究所

045-450-5331　http://www.yk.rim.or.jp/~4_5indiji

◎佐佐木商店

0136-45-2435　Fax 0136-45-2588

山武蔬菜網路

0475-89-0590　Fax 0475-89-3055

http://www.sanbu-yasai-net.or.tw/

保存湯品的方式：冷凍、冷藏的技巧

製作湯品的時候，如果一次沒有製作相當程度的量，就無法帶出原有的味道。兩人份、四人份等，這樣的分量很難達到真正的美味。因此，大量製作的湯品可能一餐喝不完。

這時候應該思考的是如何保存。

另外也必須思考：湯品是要給誰喝的、使用什麼容器、如何降溫、如何包裝等等問題。

根據我多年來的經驗，保存美味的秘訣在於事前準備好容器，迅速加以保存。吃完飯之後發現還剩這麼多湯要保存，或是要保存的時候發現湯品已經完全變冷，這些都不是保存的好時機。

最理想的保存方式如下：

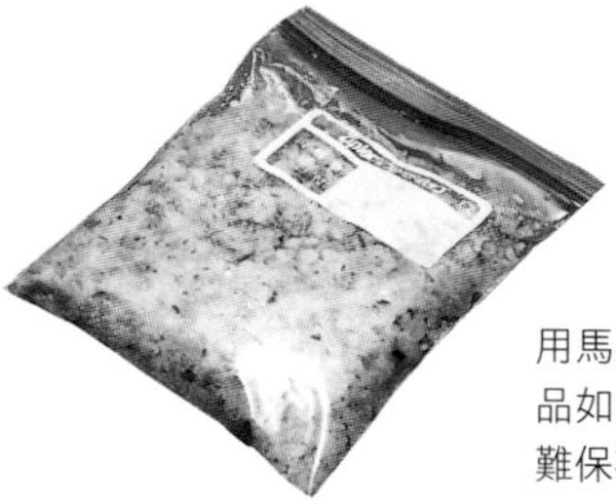

用馬鈴薯增加濃稠度的湯品如果不能急速冷卻，很難保存美味。

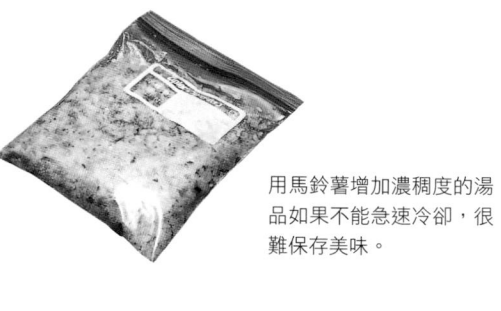

①保存袋或保存容器皆可，首先用熱水殺菌。

②趁熱將湯品放入保存袋或容器內，用流動的水快速降溫。

最近有些冰箱擁有急速冷凍的功能。保持湯品在剛煮好的狀態加以冷凍是最好的方式。

相反地，解凍的時候最好是放冷藏，慢慢地自然解凍。如果要送人，也要考慮保存袋或容器的大小。

結語

矢板靖代

結束伴隨旅行的工作回到家，我第一個直奔的地方就是廚房。比起換衣服，我先洗手，將洋蔥剝皮，準備製作飽滿多汁的整顆洋蔥湯。趁著鍋子在加熱的時候才開始整理行李，之後品嘗剛煮好、熱騰騰的洋蔥湯。有時我也會加泡過水的馬鈴薯。西洋的蔬菜擁有與日本蔬菜不同的力量，用來製作整顆洋蔥湯等簡單的湯品，可以消除疲勞，找回日常的腳步。

不僅是整顆洋蔥湯，當我因為生病而體力衰退的時候，只要站在廚房就會忘記病痛，身體好像被食材吸引一般，專心製作湯品。

因此，為了慰勞自己，也為了慰勞身邊的人，請大家一定要自然培養出自己擅長製作的湯品。

現在，我希望能夠將我對飲食的想法傳遞給我的小孩。我已經成家的孩子似乎也會在家裡熬高湯，自己烹調每日的飲食，或許他們已經培養出生存的能力。

最後，我希望趁這個機會表達感謝。

多年來教導我的辰巳芳子老師、在辰巳老師的湯品教室學習和工作的夥伴們、在各地主辦湯品料理講習會時認識的朋友們、閱讀報章雜誌特輯的讀者們、默默支持我從事各項活動的丈夫，我希望向所有透過湯品結識的各位表達深深的感謝。

矢板靖代

一九八〇年起師事辰巳芳子。女子營養短大畢業。營養師。非營利組織「傳達好食材協會」理事、「支援大豆100粒運動協會」幹事。另外還擔任「湯品會」的講師和助手。打理神奈川縣逗子市提供年長者餐食的「千草會」超過15年。著有《與家人一起──適合年長者的菜單》（與女子營養大學出版部的共同著作）。

辰巳芳子

一九二四年出生於東京都。料理研究家、隨筆作家。聖心女子學院畢業後，追隨料理研究家先驅、同時也是辰巳芳子的母親辰巳濱子學習家常料理。另外也接受在宮內廳大膳寮工作的加藤正之先生的指導，學習法國料理，之後又不斷鑽研義大利、西班牙料理。根據照護父親的經驗，開始注意到湯品，在鎌倉自家等地開設「湯品會」。除了透過雜誌和電視等媒體介紹料理之外，也非常關心東西飲食文化的歷史、地球環境等，積極宣揚飲食的重要性。擔任非營利組織「傳達好食材協會」會長、「支援大豆100粒運動協會」會長。主要著作包括《生命與味覺》（中文版積木文化出版），《新版　我教給女兒的味道》（與辰巳濱子的共同著作／文藝春秋），《為了你——守護生命的湯品》《庭園時間》（文化出版局），《品嘗辰巳芳子的當季美味》《把謹慎帶上餐桌——範例介紹》（ＮＨＫ出版社），《辰巳芳子的暖心豆料理》（農文協），《飲食的定位——起始點》（東京書籍），《生命的餐桌》（Magazine House）等。

攝影

後　勝彥

料理製作

矢板靖代、太田美千代、小出崇真子、伊藤光子

生命與味覺之湯

辰巳芳子的西式湯品食譜

原書名　辰巳芳子 スープの手ほどき　洋の部
作　者　辰巳芳子
譯　者　陳心慧
特約編輯　陳錦輝

總編輯　王秀婷
責任編輯　張倚禎
版　權　徐昉驊
行銷業務　黃明雪、林佳穎

發行人　凃玉雲
出　版　積木文化
104台北市民生東路二段141號5樓
電話：(02) 2500-7696｜傳真：(02) 2500-1953
官方部落格：www.cubepress.com.tw
讀者服務信箱：service_cube@hmg.com.tw
發　行　英屬蓋曼群島商家庭傳媒股份有限公司城邦分公司
台北市民生東路二段141號11樓
讀者服務專線：(02)25007718-9｜24小時傳真專線：(02)25001990-1
服務時間：週一至週五09:30-12:00、13:30-17:00
郵撥：19863813｜戶名：書虫股份有限公司
網站：城邦讀書花園｜網址：www.cite.com.tw
香港發行所　城邦（香港）出版集團有限公司
香港灣仔駱克道193號東超商業中心1樓
電話：+852-25086231｜傳真：+852-25789337
電子信箱：hkcite@biznetvigator.com
馬新發行所　城邦（馬新）出版集團 Cite（M） Sdn Bhd
41, Jalan Radin Anum, Bandar Baru Sri Petaling, 57000 Kuala Lumpur, Malaysia.
電話：(603) 90578822｜傳真：(603) 90576622
電子信箱：cite@cite.com.my

國家圖書館出版品預行編目資料

生命與味覺之湯—辰巳芳子的西式湯品食譜 / 辰巳芳子著；陳心慧譯 . -- 初版 . -- 臺北市：積木文化出版：英屬蓋曼群島商家庭傳媒股份有限公司城邦分公司發行 , 2021.02
面；　公分
譯自：辰巳芳子 スープの手ほどき 洋の部
ISBN 978-986-459-262-3(平裝)
1. 食譜 2. 湯
427.1　　109020571

製版印刷　上晴彩色印刷製版有限公司
封面設計　張倚禎
內頁排版　張倚禎

城邦讀書花園
www.cite.com.tw

2021年 2月5日　初版一刷
售　價／NT$ 399
ISBN 978-986-459-262-3

Printed in Taiwan.